写给孩子的

自然灾害科普书

火山灾害

刘兴诗◎著

黑龙江少年儿童出版社

图书在版编目（ＣＩＰ）数据

火山灾害 / 刘兴诗著. -- 哈尔滨 ：黑龙江少年儿
童出版社，2023.10
（写给孩子的自然灾害科普书）
ISBN 978-7-5319-8432-0

Ⅰ．①火… Ⅱ．①刘… Ⅲ．①火山灾害－儿童读物
Ⅳ．①P317.9-49

中国国家版本馆CIP数据核字(2023)第224426号

写给孩子的自然灾害科普书

火山灾害 HUOSHAN ZAIHAI

刘兴诗◎著

出 版 人：张　磊
项目统筹：华　汉
项目策划：张　磊　顾吉霞
责任编辑：唐　慧　李欣伟
责任印制：李　妍　王　刚
封面设计：周　飞
插　　画：不倒翁文化
内文制作：文思天纵
出版发行：黑龙江少年儿童出版社
　　　　　　（黑龙江省哈尔滨市南岗区宣庆小区8号楼　邮编：150090）
网　　址：www.lsbook.com.cn
经　　销：全国新华书店
印　　装：哈尔滨午阳印刷有限公司
开　　本：787 mm×1092 mm　1/16
印　　张：8
字　　数：70千
书　　号：ISBN 978-7-5319-8432-0
版　　次：2023年10月第1版
印　　次：2023年10月第1次印刷
定　　价：29.80元

一位老探险者的话

我从小就梦想探险生活，长大后终于如愿以偿。

作为一名地质工作者，半个多世纪以来，我的脚步遍及高山、雪岭、高原、平原、峡谷、急流、冰川、湖泊、沼泽、沙漠、戈壁、洞穴、海洋等各种各样的自然环境。我将野外探险、课堂宣讲和书斋命笔紧密地融合在一起，它们都是我生活中不可缺少的一部分。

我曾骑着自行车走遍华北平原的每个角落，除了调查土壤分布，还探寻了神秘的禹河和不同时期的黄河故道。

我曾指挥一支海军陆战队式的考察队，叩问长江三峡每道陡峭的崖壁，登临每座巍峨的山峰。

我曾面对可怕的沙漠黑风暴。

我曾在北冰洋和北极熊狭路相逢。

我曾乘着小艇闯进庞大的鲸群。

我曾在茫茫的大海上突遇船舱失火，也曾在高原雪地里翻过车。

我完成了近千份洞穴考察记录，为此，我曾在地下深处几度遇险。

我还在地震震情会后，立即赶赴48小时后即将发生中强度地震的震中心，感受大地的颤抖……

面对伟大的大自然，我深深地感受到人类的渺小——人，是脆弱的。

亲爱的小读者，你也向往走进大自然吗？但愿这本书在你面对各种自然灾难时能有所帮助。

最后需要提醒你的是，面对险情不需要教条，需要的是勇气、镇静和清醒的科学头脑，善于临机应变，才是最好的办法。

目 录

魔鬼的烟囱——火山灾害

火山喷发是地球上最为壮观的自然景观之一：通红的岩浆从火山口喷涌而出，远远看去仿佛是节日里燃放的礼花，既壮观又美丽。

然而火山喷发给人类带来了很多灾难。

火山喷发时，熔岩会毁灭山脚下的农田和城市。历史上，维苏威火山的喷发就曾毁掉了它周围的城市，其造成的巨大灾难令人触目惊心。

火山喷出的大量火山灰、烟尘及气体，往往在高高的天空中组成"灰幔"，在空中悬浮很久都不能消散，太阳光被"灰幔"遮挡住，这就引起了气候异常，从而引发一系列灾害，例如：火山地震、海啸和龙卷

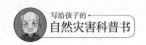

风等——它们往往会造成更严重的灾难。

火山喷发时喷出的有毒气体也会造成生物大量死亡。如俄罗斯堪察加半岛的希韦卢奇火山（现代火山活动最强烈的地区之一），其中有一个山谷积累了大量的有毒气体，人和动物一旦进入，就有去无回，即使是翱翔在空中的老鹰飞越这个山谷时，也会掉落下来埋骨于此。在我国云南腾冲，也有两处被称为"扯雀塘"和"醉鸟井"的地方。我们从名称上就可以看出火山喷出的毒气对人畜的危害。

全世界有成千上万座火山，但不是所有的火山都能喷发。火山一般分为三类，即死火山、休眠火山和活火山。三类当中，一般来说只有活火山才存在喷发现象，但个别情况下，处于休眠状态的火山也会喷发。

目前，全世界已知的活火山有500多座，因为这些活火山随时都可能喷发出令人生畏的东西。专家形象地将这些活火山称为"魔鬼的烟囱"。

我们需要知道的是，这些活火山的分布有其大致

的规律。

全球共有四条火山带：环太平洋火山带、大洋中脊火山带、阿尔卑斯—喜马拉雅火山带、东非裂谷火山带。其中，环太平洋火山带包含四百多座活火山，约占世界活火山的3/4。

一般情况下，火山喷发是有前兆的，如地震、山崩、地表发热、泉水突然增加或枯竭、地面出现裂缝或变形等。其中地震是最为普遍的前兆。如喀拉喀托火山、培雷火山和卡特迈火山等火山喷发前都伴随有地震灾害发生。

不过，这些现象并不一定代表火山喷发。因此，这也给预报工作增加了困难。

在世界上，意大利对火山的研究最为深入。由于埃特纳火山活动频繁，意大利政府决定采取爆破、人工控制、围栏以及冷却等措施，控制熔岩的流向，使喷发时涌出的火山熔岩流入一个死火山口里，从而避免熔岩四处流动而造成灾害。

这个方法很有成效，意大利的许多火山通过这种方式被打造成了著名的旅游胜地。每年都有来自不同国家的游客去意大利一睹火山风光。

当然，这些经验也为人类研究火山活动，并最终战胜火山灾害做出了贡献。

火山的秘密

　　火山爆发时的景象异常壮观，伴随着惊天动地的
轰鸣声，石块飞腾滚落，炽热无比的岩浆像一条条凶残
暴躁的火龙，从地下喷涌而出，吞噬周围的一切。霎时间，
方圆数十里被笼罩在一片浓烟迷雾之中。平时被死死地
封在地壳里的岩浆，由于温度极高，又承受着来自地
壳的巨大压力，所以一遇到地壳较薄的地方或裂隙，
岩浆便猛烈地冲出地面。

　　火山爆发能使平地顷刻间矗立起一座高高的大山，
赤道附近的乞力马扎罗山就是这样形成的，火山爆发也
能瞬间吞噬掉村庄和城镇。

　　火山是如何形成的呢？

　　火山主要分布于板块之间的构造活动带，如环太平洋大陆边缘带、阿尔卑斯—喜马拉雅山脉带和大洋中脊火山带等。它是由地球内部的炽热岩浆及伴生的气体和碎屑物质喷出至地表后冷凝、堆积而成的山体。形态因喷发方式不同而有差异。典型的火山地貌表现为顶部有漏斗状洼地的锥体孤立山峰，如日本富士山。

　　火山喷发多具间歇性，因而根据活动情况可以将火山分为活火山、死火山、休眠火山三类。

　　活火山是指正在喷发的和人类有史以来常作周期性喷发活动的火山。这类火山大多正处于活动旺盛时期。如爪哇岛上的默拉皮火山，平均每隔两年左右就有一次小喷发，每隔10年左右就有一次大喷发。

　　死火山是指史前曾喷发过，在人类历史时期未活动过的火山。此类火山有的仍保持着完整的火山形态，有的则已遭受风化侵蚀，只剩下残缺不全的火山遗迹。如我国的山西大同火山群。

　　休眠火山是指有史以来曾经喷发过，但长期以来处于相对静止状态的火山。此类火山的火山锥形态都

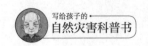
保存得相对完好，一般仍具有火山活动能力，或尚不能断定其已丧失火山活动能力。如我国的长白山天池曾有过多次喷发活动，目前虽然没有喷发活动，但是从山坡上一些深不可测的喷气孔中不断喷出的高温气体，可见该火山目前正处于休眠状态。

这三种类型的火山之间其实没有严格的界限。休眠火山有可能变成死火山，死火山也有可能"复活"。人们过去一直认为意大利的维苏威火山是一座死火山，并在山脚下建起了城镇，在山坡上开辟了葡萄园。结果公元79年，维苏威火山突然爆发，炙热的火山喷发物瞬间毁灭了毫无防备的庞贝城，城里的居民全部丧生。

火山爆发呈现出了大自然疯狂的一面。一座爆发中的火山，流出的红色熔岩，喷出的大量火山灰和有毒气体，可能造成成千上万人伤亡的惨剧。幸运的是，随着近代以来科学技术的飞速发展，火山爆发对人们的生命和财产造成的伤害越来越有限。

火山爆发在一些地区发生得比较频繁，猛烈的火山爆发会吞噬、摧毁大片土地，将大地上的一切烧为灰烬，

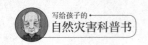
按理来说，人们应该对这种地方避之不及，但令人惊讶的是，火山所在地往往人口稠密。这是因为火山喷发出来的火山灰是很好的天然肥料，适宜种植农作物。例如富士山地区的桑树长得特别好，有利于发展桑蚕养殖业；维苏威火山地区则盛产葡萄，加之火山地区景象奇特，令其成为旅游胜地，带动当地的经济发展。

科学家对火山爆发问题的研究，常常得益于某种动植物的突然变化。比如印度尼西亚爪哇岛上有一种奇特的植物，在火山爆发之前会开花，当地人把它叫作"火山报警花"。

火山的分布

　　火山在地球上分布很广，包括前面说过火山分为活火山、死火山和休眠火山。当然，人们最为关注的是活火山。

　　活火山是我们防范灾害的主要对象，这里我们介绍世界上火山的分布，所指的主要也是活火山。据统计，地球上已知的活火山大约有500座，其中约70座是海底火山，以太平洋地区最多。

　　地球上的活火山是成带状分布的，与地震带的分布有些类似，这可能是火山与地震的成因都与地球运动相关的缘故。因此地球上最主要的火山分布带是环太平洋火山带、阿尔卑斯—喜马拉雅火山带、大洋中脊火山带

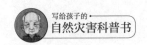
以及东非裂谷火山带。

环太平洋火山带南起南美洲的科迪勒拉山脉，转向西北的阿留申群岛、堪察加半岛，向西南延续的是千岛群岛、日本列岛、琉球群岛、中国台湾岛、菲律宾群岛以及印度尼西亚群岛，经过巴布亚新几内亚，向南进入新西兰南北岛，全长4万多千米，构成向南开口的环形构造系。

环太平洋火山带上火山活动频繁，据历史资料记载，全球现代喷发的火山这里占80%，主要发生在北美、堪察加半岛、日本、菲律宾和印度尼西亚。例如，印度尼西亚被称为"火山之国"，有近400座火山，其中129座是活火山，从1966年至1970年，就有22座火山喷发，此外海底火山喷发也经常发生，致使一些新的火山岛屿露出海面。

大洋中脊也称大洋裂谷，它曲折地在几个大洋中展布：从北极盆地穿过冰岛，到南大西洋；向南绕非洲的南端转向与印度洋中脊相接；印度洋中脊向北延伸到非洲大陆北端与东非裂谷相接；向南绕澳大利亚东去，与太平洋中脊南端相连，太平洋中脊偏向太平洋东部，向北延伸进入北极区海域，构成了"W"形图案，成为全球性的大洋裂谷，总长约 8 万千米。大洋裂谷中部多为隆起的海岭，比两侧高出 2～3 千米，故称其为大洋中脊，在海岭中央又有宽 20～30 千米、深 1～2 千米的地堑，所以又称其为大洋裂谷。大洋内的火山就集中分布在大洋中脊的位置上，所以称之为大洋中脊火山带。根据洋底岩石年龄测定，说明大洋裂谷形成较早，但张裂扩大和激烈活动是在中生代到新生代，尤其第四纪以来更为活跃，突出表现在火山活动上。

大洋中脊火山带上的火山分布是不均匀的，多集中于大西洋裂谷，即大西洋中脊带。它北起格陵兰岛，经冰岛、亚速尔群岛至佛得角群岛，海岭由玄武岩组成，是沿大洋裂谷火山喷发的产物。由于火山多在海底喷发，因而不易被人们发现。据有关资料记载，大西洋中脊仅有 60 余座活火山。冰岛位于大西洋中脊，冰岛上的火山可以直接观察到：岛上有 200 多座火山，其中 30 余座为活火山，人们称其为火山岛。据地质学家统计，近

1000 年来，大约发生了 200 多次火山喷发，平均 5 年喷发一次。

除大洋中脊火山带以外，还有一些零散的火山分布，一般以火山岛屿的形式出现，如太平洋海底火山喷发形成的岛屿有夏威夷群岛，即通常所说的夏威夷—中途岛的火山链，包括关岛、塞班岛、提尼安岛、贝劳群岛、俾斯麦群岛、所罗门群岛、新赫布里底群岛及萨摩亚群岛等。在大西洋，如圣赫勒拿岛、阿森松岛，特里斯坦—达库尼亚群岛也都是一些火山岛，南极洲罗斯海中的埃里伯斯火山也属于该种类型。

东非裂谷是全球最大的大陆裂谷带，分为两支：裂谷带东支南起希雷河河口，经马拉维肖，向北纵贯东非高原中部和埃塞俄比亚中部，至红海北端，长约 5800 千米，再往北与西亚的约旦河谷相接；西支南起马拉维湖西北端，经坦喀噶尼喀湖、基伍湖、爱德华湖、阿尔伯特湖，至阿伯特尼罗河谷，长约 1700 千米。

自中生代裂谷形成以来，火山活动频繁，尤其晚新生代以来更为盛行。据统计，非洲有 30 余座活火山，基本上分布在裂谷的断裂带附近，有的也分布在裂谷边缘 100 千米以外，如肯尼亚山、乞力马扎罗山和埃尔贡山，它们的喷发也同裂谷活动密切相关。东非裂谷火山带火山喷发类型有两种：一种是裂隙式喷发，主要发生在埃塞俄比亚裂谷带两侧；另一种是中心式喷发，多分布在裂谷带的边缘，主要的活火山有刚果的尼拉贡戈山和尼亚穆闰吉拉山、肯尼亚的特列基火山、莫桑比克的兰埃山和埃塞俄比亚的埃特尔火山等。

阿尔卑斯—喜马拉雅火山带分布于横贯欧亚的东西向构造带内，西起比利牛斯半岛，经阿尔卑斯山脉至喜马拉雅山，全长 10 余万千米；主要形成于新生代第四纪。阿尔卑斯火山带上火山的分布很不均匀，散布着众多世界著名的火山，如意大利的维苏威火山、埃特纳火山等，爱琴海里的一些岛屿也是火山岛，活动性强，据意大利历史记载的火山喷发就有 130 多次。东段喜马拉雅山北麓火山活动也较强，那里分布着若干火山群，如麻克哈错火山群、卡尔达西火山群、涌波错火山群、乌兰拉湖火山群、可可西里火山群和腾

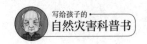
冲火山群等，共有火山 100 多座。据报道，我国新疆于田县的卡尔达和青海可可西里火山在 20 世纪 50 年代和 70 年代有过喷发。

🖉 火山喷发的前兆

与关注地震预报的情况类似，居住在火山附近的人们时刻关注着火山喷发活动的预测。相对而言，火山喷发的预测要比地震预报容易一些，人类已经有过几次成功预测火山喷发的实例。

火山喷发活动的"前兆"主要有宏观前兆现象和微观前兆现象。

宏观前兆现象是指以肉眼和感官容易察觉到的火山骚动反应及表现。例如，火山附近可能出现地光、地表变形、从地表空隙中冒出某种气体（一般有硫黄或硫化氢的异味），以及听到噪声、感到震动等；或是火山周围泉水、湖水的水位、水温等发生异常变化，或是出现

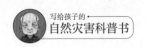
生物异常，包括植物褪色、枯死，小动物的行为异常（如烦躁不安）及死亡等。

微观前兆现象是指信号微弱、人体或动物感官系统难以察觉得到、只能通过仪器才能检测到的前兆现象。例如，火山地区特有的地震活动（专家们叫作"火山地震"）、火山地区地面变形、火山地区电磁场以及火山口附近电磁波的异常变化、火山地区重力变化、地热变化及地下水的水位、温度和化学成分变化等。

当然，出现这些异常的变化并不一定意味着火山就要喷发了，特别是其中一两项异常现象的出现，很可能是别的因素引起的，我们必须慎重对待。通常，科学家观察到了这些异常现象后，需要进行综合分析，才能做出判断，必要时发出预报。

圣海伦斯火山是一座休眠火山，位于美国华盛顿州、喀斯喀特山脉北段。在沉睡了123年后，它于1980年3月27日苏醒，喷出大量的火山灰和熔岩。火山高度降低至约2550米，山顶被削去近1/3，形成一个长3千米、宽1.5千米、深125米的火山口。喷发时，火焰、浓烟和火山灰直冲至 2 万米的高空，火山灰扩散到 4000 千米以外的地方。上升气流中的大量水汽在高空凝结形成暴雨，冲刷火山灰形成泥浆洪流，向山下倾泻，对华盛顿州和俄勒冈州的农业、林业造成严重破坏，附近 390 平方千米的范围变成不毛之地，造成 60 多人死亡，是美国历史上规模最大的火山喷发之一。

这次火山喷发前一个多月，圣海伦斯火山的北坡突然鼓起了一个圆丘，这引起了科学家的注意。之后，这个圆丘竟以每天 45 厘米的速度增高。美国地质调查局火山研究室的科学家就在圣海伦斯火山的周边设立了 13 个地面形变观测站。根据观察的地形变化数据以及圣海伦斯火山周围小震活动的特点等现象。经过详细分析，科学家发出了圣海伦斯火山可能要发生喷发的预报。1980 年 3 月 27 日，圣海伦斯火山出现了喷发的明显征兆，5 月 18 日上午 8 时许开始大规模喷发，喷发活动就是从掀去这个圆丘开始的。

当然，上面介绍的火山喷发前的宏观和微观前兆异常只是进行火山喷发预测的一个重要依据。事实上，科

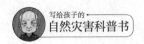
学家还要认真研究火山的地质结构、物质组成、形成历史以及区域构造活动特征等，只有将火山的"里里外外"和"出身历史"研究清楚，才能更准确地做出火山喷发的预测预报。如今，科学家正在运用科技的最新成就探索火山的奥秘。例如，意大利的科学家正在用计算机层析成像技术研究埃特纳火山的内部结构，监测火山岩石密度的变化。我们相信，火山喷发的预测将会帮助人们有效地减轻火山灾害。

火山喷发物

火山喷发物包括火山气体、熔岩和火山碎屑。

在火山活动的各个阶段，一般都有气体从火山口或火山锥坡的裂缝中逸出。火山气体的主要成分是水蒸气（H_2O），其次是二氧化碳（CO_2）、二氧化硫（SO_2）以及微量的氮（N_2）、氢（H_2）、一氧化碳（CO）、硫化氢（H_2S）、氧（O_2）、氯（Cl_2）等。气体的比例随火山及其喷发阶段而变化。喷出气体的温度可达 $500 \sim 600\ ℃$。岩浆析出的水蒸气或地下水受热气化成的水蒸气沿裂隙上升，遇冷则在地表形成温泉或喷泉。如帕里库廷火山在 1943 年喷发期中，仅一天就释放出约 1.8 万吨水。

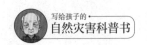
熔岩是从火山口中喷到地面的岩浆。熔岩的气体含量比岩浆少。熔岩按其中二氧化硅（SiO_2）含量的不同分为酸性熔岩、中性熔岩和基性熔岩。不同的熔岩其温度、黏性和气体含量等也不同。

酸性熔岩的二氧化硅含量大于70%，温度为800～900℃，黏性大而气体多；基性熔岩的二氧化硅含量小于53%，温度为1000～1200℃，黏性小、气体少；中性熔岩则介于这两者之间。

熔岩的温度和黏性决定了熔岩流动的速度。基性熔岩的流动速度一般为每小时几千米，快的可达每小时100千米。酸性熔岩和中性熔岩流动缓慢，流动速度为每小时几米或十几米。

熔岩在沟谷中则形成长舌状，叫熔岩流；在平坦地面则铺开成层，叫熔岩被。后者以基性的玄武岩最为常见。层层相叠的熔岩被可构成面积广、厚度大的玄武岩高原或平原。1783年冰岛拉基火山喷发时，前50天便喷出了约10立方千米的基性熔岩。熔岩冷却后的表面呈波状、绳状以及块状。

在水中冷却时，灼热熔岩形成椭球状或枕状，叫枕状熔岩。此外，由于冷却收缩熔岩中常形成垂直冷却面的裂隙，将熔岩分割成多面柱体，叫柱状节理。

火山碎屑由火山喷出的岩浆块和小滴熔岩在空中冷凝成的物质，以及火山通道内和四壁岩石被炸碎而形成的火山抛出物组成。

火山碎屑按大小分为大于鸡蛋的火山块，小于鸡蛋而大于黄豆的火山砾，小于黄豆的火山灰；按形状分为纺锤形、条带形或扭动形状的火山弹，扁平状的熔岩饼，丝状的火山毛；按内部结构分为内部多孔颜色较浅的浮石、泡沫，内部多孔颜色呈黑褐色的火山渣。

被喷射到空中的火山碎屑，粗重的上升不高随即回落到火山口附近，小而轻的可上升到平流层，随大气环流或被风吹至几百千米之外沉降。

当火山强烈爆炸性喷发时，火山气体与灼热的火山灰相混合垂直上喷形成高大的蘑菇状发光云，或形成斜向冲出贴近地面飞驰的灼热火山灰流，其温度可达 800 ℃，时速达 100 千米。火山灰流与水（火山区

暴雨，附近的河流、湖泊）则混合成密度较大的火山泥流，从高处向低处奔泻。火山灰流和泥流都具有一定的灾害性，它们可以冲毁或淹埋道路、桥梁和村镇。

火山的喷发类型

受到岩浆成分、岩浆房内压力、火山通道形状、火山喷发环境（陆上或水下）等诸多因素的影响，火山作用的喷发类型多种多样。按岩浆的喷发通道类型可分为裂隙式喷发和中心式喷发两大类。

裂隙式喷发又称冰岛型火山喷发。岩浆沿地壳中的断裂或断裂群上升，或沿窄而长的通道面喷出地表。喷发过程温和宁静，喷出的岩浆为黏性小的基性玄武岩，碎屑和气体少。基性熔岩溢出后，形成广而薄的熔岩被或玄武岩高原，沿断裂带熔岩锥呈线状排列。

中心式喷发岩浆沿管状通道喷出地面。根据岩浆成分、黏度、爆炸力等性质，又可以分为以下几种：

夏威夷型喷发。火山喷发比较平静，岩浆为基性熔岩，气体和火山灰很少。熔岩和缓地从火山口中溢出，形成厚度大、面积广的熔岩台地或宽广低矮的盾状火山。

斯通博利型喷发。岩浆为较黏性的玄武质或安山质，喷发时伴有中等强度的爆炸。喷出物主要是火山弹、火山碴和老岩屑，也有熔岩流。火山锥为碎屑锥或层状锥。

武尔卡诺型喷发。岩浆黏度很大，成分为中酸性的安山质和流纹质。火山爆发强度大，喷发时常有大块熔岩伴随着大量火山灰抛出，形成"烟柱"。熔岩流少或没有熔岩流，形成碎屑锥或层状锥。

普里尼型喷发。岩浆黏度极大，成分主要为酸性的流纹质或偏碱性的粗面质。这使得火山通道内极易形成"塞子"，一旦熔岩冲破"塞子"，就会产生强烈的爆炸式喷发，其形成的锥顶为崩毁及塌陷的破火山口。

培雷型喷发。岩浆黏度极大，火山喷发极为强烈，最明显的特征是产生炽热的火山灰云。火山锥为坡度较大的碎屑锥，锥顶部为岩穹，经风化剥蚀后，火山颈突出地面。

　　火山是大自然赠予人类的另一项"大礼"，是大自然的一场盛装演出，总是与人类的命运息息相关。

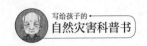火山活动的影响

　　火山爆发的威力惊人，影响巨大，破坏自然环境，造成各种灾害。

　　火山爆发时喷出的大量火山灰和火山气体，对气候造成了极大影响。火山灰和火山气体被喷到高空中，它们或是随风飘散到很远的地方降落，或是长时间地飘浮在高空中。这些物质会遮住阳光，导致局部气温下降。此外，它们还会滤掉太阳光中的某些光波，影响地面光照，引起地球的气候异常。有一种假设，认为在地球中生代时期，就是因为大规模的火山喷发，烟尘蔽日，阳光无法射到地面，地球表面气温骤降，出现了冰河时期，导致大量动植物死亡，致使中生代时期地球上的"霸主"

恐龙失去食物来源而灭绝。

火山爆发喷出的大量炽热岩浆，温度高达上千度。熔岩流经之处，万物化为灰烬。森林草木燃起熊熊大火，各种野生动植物葬身火海，无一幸免。火山喷出的火山灰往往与暴雨结合形成泥石流，淹没城市村庄，冲毁道路桥梁，人类的一切文明成果皆遭破坏。意大利庞贝城的惨剧就是典型的例子。

有人对 1980 年美国华盛顿州圣海伦斯火山爆发的情形进行了记录：5 月 18 日，圣海伦斯火山喷发了。它释放出的能量约是 1945 年美军投在日本广岛的原子弹爆炸能量的 700 多倍。冲击波以约 965.61 千米／小时的速度行进，所经之处，摧枯拉朽，成千上万棵巨树被横扫在地，致使十几千米范围之内空空如也。正在附近观赏风光的人们犹如见到了魔鬼，驱车狂奔。地下水、融雪、流动冰、土壤以及火山岩屑混合成的泥浆沿着山体如山洪急泻，黑色的火山将整个天空变得一片混沌，人们无法区分白天与黑夜。火山周围电闪雷鸣，连绵不绝。火山的喷发物落进斯皮里特湖，将湖底抬升了

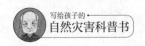
89.92 米，湖面则上升了 60.96 米。

　　除了上面讲到的负面影响外，火山爆发对地球的演化也有正面的影响。火山活动有助于某些矿产资源的形成。熔岩流经的地方能消除杂树杂草，有利于树林的更新、生长。火山灰可以使土地变得肥沃，火山附近地区往往是重要的农业区。火山熔岩还可能形成许多美丽的景观，成为宝贵的旅游资源，如我国东北地区的镜泊湖和五大连池是火山堰塞湖，长白山的天池是火山口湖等。

　　综上所述，火山与人类的关系可以说是"忧喜半参，恩怨交织"，关键在于我们如何正确对待，既要提高警觉，注意防范火山灾害，又要科学利用火山资源，造福人类。为此，了解和掌握火山知识是十分必要的。

由火山引发的灾害

火山是地下深处的高温岩浆及伴生的气体、碎屑物质从地壳中喷出而形成，具有特殊形态和结构的地质体。火山活动常以地震或气体逸出作为先兆。喷发时，有的火山产生爆炸，大量气体和尘埃从火山口中喷出，混合形成高耸入云的"烟柱"，小滴熔岩或炽热岩石碎屑直射天空；有的喷出气体很少，主要涌出灼热的岩浆。喷发后期常见的现象是逸出气体或出现温泉。火山活动多具间歇性，宁静期长短不一。火山喷发虽然能够带来地壳深处的物质和重要信息，但强烈的火山喷发却有很大的灾害性。

据统计，从 1500 年至 1914 年间，全世界死于火

山灾害的人数达数十万人。1815 年印度尼西亚坦博拉火山喷发，遇难人数达 9 万余人。火山爆发将会引发一系列的灾害：火灾、海啸、泥石流、洪水、形成随时可能决口的火山口湖。

火山灰非常细小，随风飘飞到遥远的地方或上升到高空，长期弥漫，导致能见度降低，引发空难、交通事故，甚至使气候变异，出现"冷夏"。1783 年，日本浅间山火山大爆发，使日本出现"冷夏"，甚至在其东北部地区出现冻害。

火山的喷发物（二氧化碳、二氧化硫、氢、氯、硫化氢等）还会污染空气，形成酸雨，造成温室效应。

1883 年 8 月 27 日，印度尼西亚的喀拉喀托火山爆发，引发人类有史以来最大的海啸，掀起高达三四十米的狂浪，吞没这一海域的全部船只，爪哇岛、苏门答腊岛沿岸的房屋、车辆、人畜全部被卷入波涛汹涌的大海。仅印度尼西亚就有约 3.6 万人在这次海啸中丧生，经济损失无法估量。

1943 年 2 月，墨西哥帕里库廷火山爆发，附近山坡覆盖了六七十厘米厚的火山灰。当暴雨席卷墨西哥时，形成了泥石流，瞬间埋葬了山下的村庄，大面积的农田被毁。

1985年11月13日，哥伦比亚托利马省位于5000米高原上的鲁伊斯火山爆发，山顶的千年积雪瞬间融化，山洪飞泻，洪水波及3万多平方千米，约2.5万人丧生，13万人无家可归，15万牲畜死亡，200多平方千米的农田、果园被毁，直接经济损失超过50亿美金。

1977年1月7日，非洲尼拉贡戈火山爆发，烧毁扎伊尔（今刚果民主共和国）、卢旺达两国约430平方千米的热带雨林。

火山活动其实是一种自然现象，也并非地球独有。太空探测发现月球、火星、金星、木卫一上均有火山活动，有的爆发规模比地球上的还要大。

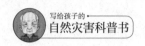

火山之国

　　印度尼西亚号称"千岛之国"，是世界上最大的群岛国家。不过印度尼西亚还有另外一个别称，那就是"火山之国"。为什么叫"火山之国"呢？原来印度尼西亚地处环太平洋火山带，境内的火山数量位居全球第一。世界上很多猛烈的火山爆发都发生在印度尼西亚。"火山之国"的称号可谓是名副其实。

　　1883年8月27日凌晨，一阵轰鸣声让驻守在印度尼西亚苏门答腊岛上的军队紧张了起来，他们以为是有敌人进犯，于是采取了紧急行动，严阵以待。然而如临大敌的守军除了听到轰隆的声响外，什么也没有发现。大家正在纳闷儿，突然又一声巨响，大地开始震动，房

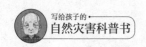
屋摇晃，岛上的居民感觉自己的耳朵里仿佛被人塞入了炸弹，被震晕了过去。这究竟是怎么回事？原来是喀拉喀托火山爆发了。

喀拉喀托火山位于苏门答腊岛和爪哇岛之间，虽然历史文献中曾记载过喀拉喀托火山大爆发的景象，但200多年来，它一直没有喷发过，人们也因此放松了警惕。1883年5月下旬，它忽然又开始活动了，喷出的烟柱升入万米高空，在很远的地方也能听到它大炮般的巨响。大量的火山灰随风飘落，不仅铺满了整座岛屿，而且还飘向了更远的地方。到了7月，遮天蔽日的火山灰让雅加达也处于半明半暗之中。

被喷入空中的火山灰，不仅使印度尼西亚笼罩在浓雾中，就连日本的上空也变得昏暗。在清晨和傍晚，人们还会看到奇怪的霞光久久挂在空中，那也是悬浮的火山灰造成的。

有经验的人知道这是大灾难的先兆，于是人们开始撤离该岛，但仍然有一部分人留恋故土，不肯离开。

到了8月27日凌晨，火山活动到达顶峰，有人听到火山先是隆隆作响，然后又恢复了寂静，数秒钟后，火山开始猛烈爆发。烟云猛地蹿向高空，火山口内不断迸射出岩浆块。

1883年喀拉喀托火山大爆发是有记录以来最致命、破坏性最大的火山爆发事件，约有3万多人死于这场灾难。火山爆发引发了强烈的地震和海啸，二三十米高的海浪以极快的速度横扫一切。不仅雅加达遭到重创，就连澳大利亚的珀斯港也遭到巨大的海啸冲击。一艘荷兰汽轮在塞贝希岛正好遭遇到海啸，汽轮被抛向空中达15米，然后重重摔下，粉身碎骨。海啸还袭击了日本的一些海岸，小山一般的巨浪疯狂地朝沿海城镇扑去，顷刻间，那里就变成了一片汪洋。

喀拉喀托火山是典型的爆发式火山。在这次大爆发中，其波及范围内2/3的岛屿坍塌，形成了约300米深的海。爆发时产生的气浪震裂了雅加达城内建筑物的墙和窗。有人形容这次火山爆发是"声震一万里，灰撒三大洋"，其爆发的猛烈程度可见一斑。

专家们估计，喀拉喀托火山的这次爆发，比原子弹

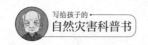
爆炸的威力还要大很多倍。

不过，相较于坦博拉火山的爆发，喀拉喀托火山还是要逊色得多。

坦博拉火山也在印度尼西亚境内，位于松巴哇岛北面的桑加尔半岛上。长久以来，这座火山都没有喷发过，因此，不少人以为它是死火山，觉得它不会带来危险。

1811 年，坦博拉火山出现了一些异常情况，先是蒸气云围绕在山顶上，人们起初没有在意。后来云慢慢变得又浓又黑，最后连风也没办法将它吹散。莫非是火山要爆发了吗？人们有些紧张了。时间一天天过去，什么事情也没有发生，于是岛上的居民又放松了下来。

看来火山在爆发之前是有先兆的，这不，坦博拉火山先前冒出的那些"黑云"就是一种警告，只是没有引起人们的重视。如果人们能提高警惕，做好防灾准备，及时疏散撤离，火山爆发造成的伤亡往往会大为减少。

到了 1815 年 4 月 5 日，坦博拉火山发生了大爆发，通红的火山口内喷出了大量难闻的气体和火山灰，1000 多平方千米范围内都能听到火山爆发时产生的巨响。

大量的火山灰不仅使整座岛屿笼罩在烟云中不见天日，就连爪哇岛上也黑得伸手不见五指。太阳在这个时候仿佛已失去了光芒。

等到一切都结束以后，人们发现，原本海拔4100米高的火山只剩不到3000米了。

坦博拉火山大爆发被认为是世界上最大的火山爆发。为什么它会如此猛烈呢？专家们分析，这与喷发物中含有大量的气体有关。

坦博拉火山爆发引发了海啸，海浪席卷了沿海海岸，临海的建筑物无一幸免。与此同时，地表还出现大面积沉陷，坦博拉镇从此沉到了海底。

据不完全统计，坦博拉火山爆发使约9万人丧生，造成的财产损失无法估算，其灾难程度之大，历史罕见。

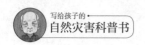
✏ 追火山的人

喷发中的火山可能是世界上最危险的拍摄对象了，而马丁·里亚兹则是一位"追火山的人"。这位德国摄影师留下了几十座活火山爆发时的珍贵影像。

2008 年印度尼西亚卡瓦伊真火山喷发，他拍下了翻滚着蓝色硫黄火焰的河流；2009 年智利维拉里卡火山喷发，他捕捉到了一轮明月悬挂在火山口上的画面；2010 年日本樱岛火山喷发，奇异的叉形闪电对着他的镜头放射出耀眼的紫色光芒……

"看火山喷发，就像看一场天然烟花。"他在接受采访时这样说。

据这位狂热的火山迷回忆，自己还是孩童时，有一次在意大利的西西里岛旅行，恰逢埃特纳火山喷发，这次难忘的经历让他一生都为这种大自然的奇妙景观所着迷。

时至今日，他依然定期探访这座世界上爆发次数最多的火山。他还记得最近的一次，这座欧洲海拔最高的火山向空中喷出赤色的岩浆，岩浆顺着山坡四散流淌，在漆黑的夜色中闪闪发光。当时，里亚兹扛着摄影器材，就站在喷发的现场。

这并不是他第一次与危险亲密接触。2006 年，他到爪哇岛拍摄默拉皮火山。就在他距离山顶不到 2000 米时，地震开始了。伴随着脚下的剧烈震颤，火山云升腾起来，几秒内火山灰就遮天蔽日，而火山碎屑如溪流般顺着山脊而下。

"这或许是我生命中的最后几分钟了。"里亚兹心想，但他的手指并没有停止按下快门。

最终，他逃过一劫。但那"末日般的景象"深深地印在了他的脑海中。

不仅如此，火山口冒出的浓烈毒气，喷发时产生的

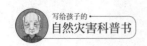

"比飞机起飞还响"的噪声，甚至空中伴随的闪电都可能对人体造成巨大伤害，但想起"振奋人心的奇妙体验"，里亚兹就忍不住对火山展开一次又一次勇敢的"拥抱"。

里亚兹觉得，每座火山都有自己独特的个性和魅力，这些与它们的外形、内部岩浆成分、喷发类型等因素密切相关。他得花大量的时间研究、计算和等待，才能在最佳的位置拍出最美的照片。

他甚至摸索出一套"火山观赏小窍门"：外形优美的锥形火山爆发时会喷出 1000 ℃的火山灰流，一个小时能流 500 米；而"红火山"则相对宁静，喷出的岩浆流速也较慢。对于后者，就可以近距离观看。"这种经历让人永生难忘。"里亚兹说，当然，一定得戴上合适的面具和头盔。

对此，有媒体评论说，世界上所有的活火山都是里亚兹的"老朋友"，被他"摸清了脾气"。里亚兹却谦虚地表示："这么多年来，我唯一能总结出的关于火山喷发的规律，就是它没有规律。"

这位超级火山爱好者对火山的热爱，并没有停留在景观层面。他发现火山带来的最大财富是热源，在火山活动的地区，地下往往蕴藏着大量的温泉和热气，中美洲的萨尔瓦多利用10座间歇性火山产生的热能建造了高能发电站，而夏威夷火山口的地热试验井可发电5亿度。此外，火山灰铺积而成的肥沃土壤，也为农业生产提供了极为有利的条件。

"如果没有火山，就没有夏威夷群岛、乞力马扎罗山那样的名胜，"里亚兹说，"火山看上去很危险，但从某个角度上说，没有火山就没有人类。"

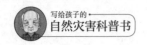
✎ 扑朔迷离的失踪案

1979 年初，不来梅港海事法庭接到一起船只失踪案，而这起案件让他们伤透了脑筋。

怎么回事呢？我们来看看当时的情形。

1978 年 12 月，"明亨"号巨型货轮从英国的设得兰群岛和奥克尼群岛之间的海域进入北海后，突然去向不明，船上 28 名船员也全部失踪。几天之后，在奥克尼群岛东部的海滩上，人们发现了几个印有"明亨"字样的救生圈。航运公司据此推测，货轮肯定是出事了。公司第一时间请求英国海军派潜艇帮助寻找。英国海军的潜艇根据航运公司提供的货轮可能出事的地点，仔细搜寻，依然没有发现轮船的踪迹。

因为轮船投保过，保险公司和航运公司之间就各自打起了算盘。航运公司为了多获得一些保险费，就竭力将轮船的失踪原因归结于船只本身抗灾能力差；而保险公司当然也想尽量少付一些保险费，所以想将轮船的失踪归结为人为因素，比如说是值班驾驶员在风浪中迷航导致轮船触礁失事。由于没有找到失踪船只的踪迹，海事法庭一时很难判决。

不过，根据记录，轮船失踪当天，整个海区可以说是风平浪静，并且失事的轮船上配有先进的航海仪器和雷达导航设备。即使触礁，也来得及发出呼救信号。因此，保险公司和航运公司两边的说法都是靠不住的。

这艘轮船就这样无声无息地消失了。海事法庭为这起船只失踪案伤透了脑筋。

到底是什么原因使轮船突然间消失了呢？

不久，事件调查终于有了进展。

1979年，英国爱丁堡地理研究所对北海海底进行了考察，他们发现在北海西部海底布满了许多火山口。这些火山大部分已成为死火山，但有少部分仍在喷吐着

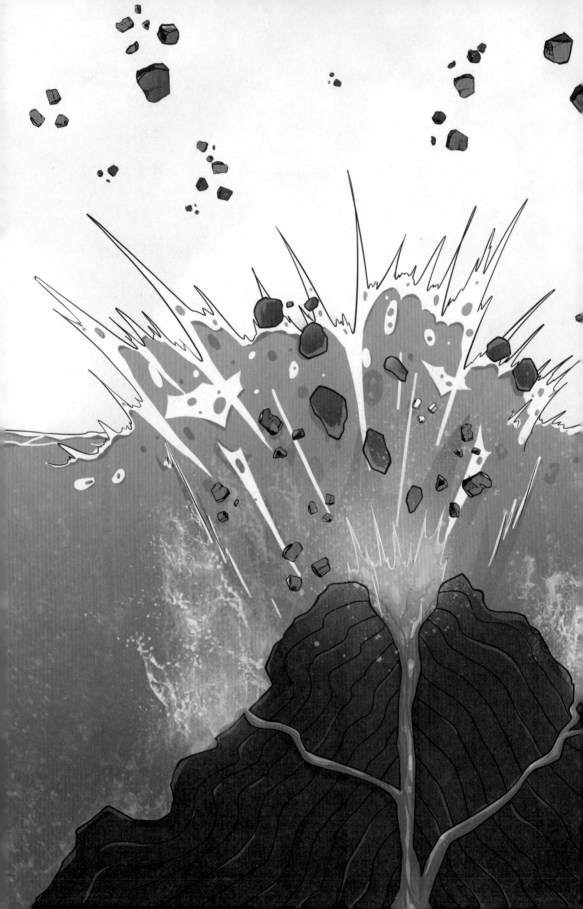

熔岩。

专家们据此推断：失踪的轮船可能是航行在活火山的火山口上时，恰好遇上火山爆发，引起水体急剧波动，于是轮船被疯狂的海浪打沉并陷落进火山口中，悬浮状的熔岩覆盖了沉船，因此，人们一直没有寻找到它的踪迹。至于那几个救生圈，原是挂在船舷上的，船沉时随海水上浮，这才漂到了岸边。

虽然这一推断无法得到验证，但海事法庭却因此松了口气。

圣皮埃尔城的毁灭

　　西印度群岛位于加勒比海与大西洋之间，群岛中的马提尼克岛气候温和宜人，树木葱茏，居民大多以种植甘蔗和酿酒为生，生活幸福和睦。

　　岛中的圣皮埃尔城更是迷人。一位作家曾这样描绘它："这是西印度群岛中最古雅、最奇妙、最美丽的地方……整座城市的房子都用石头建成，路面也用石块砌成，尖尖的屋顶漆成红色，镶着人字形屋顶窗。许多房子都被漆成黄色，与热带醒目、宛如蓝色缎子般的天空形成和谐的对比。街道大多上通小山，下至山谷，弯弯曲曲，盘旋回转。潺潺水声，四处可闻。建筑物是17世纪的风格，使人想起新奥尔良的老街区。

所有这些色调、风格、景致似乎是刻意精选出来以供绘画的。"

这样如诗如画的城市，人皆心向往之。然而不幸的是，这座城市几乎在一天之内就被摧毁了。这到底是怎么回事呢？

其实，西印度群岛是一个多火山的群岛。其中马提尼克岛的面积虽然不大，但岛上竟然有好几座火山。

1902 年 4 月，位于马提尼克岛北部、距离圣皮埃尔城仅 8000 米的火山口发出巨响，尘埃飘向空中，把太阳都遮住了。山上的湖泊也因地热而沸腾起来，发出"咕嘟咕嘟"的声响。

一些居民感觉到不妙，收拾家中的东西准备离开，但大多数人对潜在的危险却毫不在意。此后的几天，火山非但没有喷发，反而出奇的平静。当地的媒体采访了一位专家，这位专家忠告大家不要过度惊慌。人们相信了专家的话，不但没有逃离，一些已经离开的居民也纷纷返回。

到了 5 月 5 日，人们注意到，周围动物的行为十分

异常。与此同时，山上又出现了好几处火山口，许多石子像子弹一样被弹出来，大量的尘埃和蒸发的水汽混为一体，形成泥流。泥流又和熔岩组成泥浆河，滚滚而下。距离火山较近的居民意识到大事不妙，开始涌进圣皮埃尔城，而一些居住在圣皮埃尔城的居民也认为这座城市此时是不安全的地方，想要迁移到安全的地方。

这时候，马提尼克岛的政府官员非但不组织人们疏散撤离，反而告诉居民说不会有危险。他们甚至派遣军队来阻止人们离开圣皮埃尔城。

1902 年 5 月 8 日早上，随着一声巨响，培雷火山开始猛烈喷发，通红的熔岩伴随着灰沙和石块，从主火山口及整个被炸开了的山坡上直冲云霄，形成了一个巨大的蘑菇云。冒着烟的石头飞奔而下，不但点燃了停在港口内的船只，还掀起了巨浪。更要命的是，漫天的灼热的火山灰直扑山下，不过短短几分钟，圣皮埃尔城已变成一个大熔炉。

惊慌的人们四处奔逃，可事到如今还能逃到哪里呢？

　　这座美丽的城市就此毁灭，有 3 万多人在这场灾害中死去，这是 20 世纪造成伤亡最惨重的一次火山爆发。

一座火山与两座古城

　　许多重大的考古发现往往来源于一些无意之举，例如庞贝古城。当时，人们本打算在这里打井取水，结果没有找到水源，却在地下发现了一些古罗马时代的文物。这些文物被交到了专家的手上，于是专家很快宣布了惊人的消息：庞贝古城找到了。

　　人们由此开始了正式的挖掘工作，至今已有2/3的废墟被发掘出来。从废墟中渐渐显现的城墙、戏院、议会等大型建筑物，可以看出当年庞贝曾拥有丰富多彩的文化。

　　庞贝是由希腊人在古罗马时代修建的城市，当时城中约有2.5万人，十分繁荣。不过，这座美丽的城市如

今却只剩残垣断壁。

是什么让它变成了今天的样子？这要从一次火山爆发说起。

公元79年，意大利的维苏威火山突然爆发，火山喷出的大量火山灰、浮石和火山渣，将庞贝城埋没，厚度达6米。

有一位目击者记录了这次火山爆发时的情形："……一大片雪松形状的乌云突然出现在地平线上，巨大的火焰熊熊地燃烧起来。天空变得一片黑暗，火焰因此显得格外耀眼。地震频频不断，我们都不敢出去，因为那燃烧着的火山碎石像冰雹一样从天上猛砸下来。"

火山喷出的物质先是直冲高空，然后落到地面，大量堆积在火山口周围的山坡上，积累到一定程度，就像雪崩一样顺着山坡奔流下来。这种速度快、温度高、能量集中的火山碎屑瞬间淹埋了庞贝城。

有多少人死于这场灾难呢？大多数人认为，这场猛烈的火山灾害使庞贝城里的人全部死亡，无一幸免。不过1828年，一位英国的地质学家考察了维苏威火山

和庞贝废墟。之后，他在一本专著中对庞贝城人员的死亡情况作了如下的描述："在庞贝兵营里，有 2000 多名锁在桩上的士兵。在郊区乡村房屋的地下室里，有17 具尸骨，他们似乎是逃到这里来躲避阵雨似的火山灰的。他们被包裹在一种硬化的凝灰岩内，在这种基质中，保存着一个妇女的完整形态，她的手上还抱着一个婴儿……她的形状虽然印在了岩石上，但是除了骨骼外，什么也没有了。"依这位英国地质学家的意见，大多数庞贝人对火山活动还是保持了警惕，所以逃过了这场劫难，而 2000 多名被锁在兵营里的士兵则是这场灾难的最大受害者。

根据新近的考察结果，意大利专家也认为当时大多数居民都已安全撤离，遇难的只有 2000 多人。

如果真是这样的话，那真是不幸中的万幸了。

公元 79 年，维苏威火山爆发时还摧毁了另外一座城市——埃尔科拉诺。有趣的是，埃尔科拉诺古城遗址也是人们在打井的时候意外发现的，只是在发现的时间上晚于庞贝。

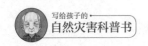
埃尔科拉诺的挖掘工作于 1783 年正式开始，至今仍在继续。从已发掘出的大量石碑、雕像和壁画等艺术珍品，以及公共浴池、贵族住宅、房屋、庭园等遗址，不难看出当年埃尔科拉诺的繁华。

埃尔科拉诺坐落在意大利南部港口城市那不勒斯的南面，西临维苏威火山，与庞贝相邻。这里气候宜人，风光秀丽，当时罗马帝国的许多贵族都在城中建有私宅。

多年以来，在埃尔科拉诺的发掘工作中，考古学家一直未在遗址中发现任何人体骨骼。据此，一些专家推测，当维苏威火山爆发之前，城里的居民已经有所准备，他们早已从陆路或海路逃走，因而大部分埃尔科拉诺人都幸免于难。1979 年以后，发掘工作取得了一些新的进展，人们在多地发现了人及动物的骨骼，情形惨不忍睹。虽然时隔已久，但我们依旧能体会到当时人们的绝望。

火山灾害真是可怕呀！

✎ 冰火之国

冰和火就像矛和盾一样互不相容。然而在世界上，却有一个国家能容冰和火于一地，这个奇特的国家就是冰岛。

冰岛地处欧洲北端，全岛一年中有大部分时间气温处于 0 ℃以下，因此岛上许多地方终年覆盖着大片的冰川。冰岛面积不大，各种类型的火山却有 100 多座，而且其中相当多的火山是近期喷发过的活火山。冰岛的人口密度并不大，只有不到 39 万人，但它的火山密度却是世界之最。这样看来，说冰岛是"冰火之国"可谓货真价实。

不过，火山多了可不是好玩的，尤其是有那么多的

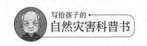
活火山，它们随时都可能喷发，从而造成灾害。

但是，冰岛人在长期与火山打交道的过程中，也学会了利用火山。这些火山让冰岛的地下成了一个热气腾腾的天然锅炉。这对缺少能源的冰岛来说是一件好事。多年来，冰岛十分重视开发这种天然的地热资源。他们把 150 ℃以上的高温地热田引起的热能用于发电，带动工业生产，低温地热田则用于生活取暖和农业生产。

这种特殊的天然热能大大减少了环境污染。在首都雷克雅未克，由于广泛采用了地热资源，市内空气十分洁净，是著名的"无烟"城市。

由于冰岛天气寒冷，因而在蔬菜、水果及花卉的供应方面存在短板。自从利用地热发展温室农业以来，一些热带、亚热带的农作物在这里落地生根。现在冰岛常年都可向国民提供新鲜的水果、蔬菜和花卉，满足了人们的需求。

冰岛在开发和利用天然资源方面所做的努力，值得我们学习。

此外，火山爆发有时还会给冰岛带来一些新的领

土——这主要是海洋中海底火山爆发而形成新的岛屿。

1963 年 11 月的一天，一艘渔船正在冰岛南面的大西洋里捕鱼，此时的海面上风平浪静，突然，一个渔民发现前面的海平面冒出一缕青烟。这是怎么回事呢？船长赶紧命令报务员向电台询问有没有呼救信号，因为船长很清楚，在这个方向是没有任何岛屿的，那缕青烟也许表示有船只失火了。但是电台回答没有收到呼救信号。

不是船只失火，那又是什么呢？原来是海底火山爆发了。一个星期后，这里的烟雾越来越浓，腾空而起的火山灰柱有 100 多米高，通红的火山弹从海底火山喷出又呼啸着掉进大海，激起层层浪花。火山喷发持续了两个半月后，一座新的火山岛露出了水面。

在冰岛附近的海域，这种火山岛的"消长"很是频繁，这也算是当地的一种奇观了。

柏拉图的理想国

柏拉图是著名的古希腊哲学家。他的哲学观从古至今影响了一代又一代人。不过，我们今天不是要讲他的哲学观，而是来听听他讲述过的一个传奇故事。

这是一个怎样的故事呢？据柏拉图所说，这个故事是他的祖父讲给他听的，而他的祖父又是从一位名叫索朗的智者那里听来的。那么索朗又是怎么知道这件事的呢？原来有一次，索朗去埃及旅行，恰巧遇见了一位当地的祭司。这位祭司看到索朗连自己国家的历史都不知道，就给他讲了雅典抗击大西国的传奇故事。柏拉图也曾请教过古埃及最有学问的僧侣，僧侣也肯定地说，曾经确实有这样一个神秘的古国，那里的人是当时世界上

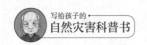
最优秀、最先进的民族。

根据柏拉图的讲述，在大西洋中有一块巨大的陆地。这里土地肥沃，矿藏丰富，风调雨顺，人们生活在这里就像在天堂一般幸福。大西国有约 2000 万人，他们十分勤劳，修建了宽阔的道路，坚固的堡垒，还有宏大的庙宇和宫殿。

在大西国的海滨，耸立着一座灯塔。灯塔上有永不熄灭的油灯，为世界各地的航船指引着航向。

大西国海岸的码头上停泊着众多的海船。由它们组成的船队和许多民族有着频繁的贸易往来。

大西国的国王注重道德，以德治国。人民遵纪守法、安居乐业。但是好景不长，兵强国富滋长了大西国向外扩张的野心。他们不断发起战争，以扩张本国的领土范围。就在他们得意之时，一场巨大的灾难降临在了大西国。这块巨大的陆地突然沉入海中，消失得无影无踪了。

自从柏拉图的这个传奇故事问世之后，有关大西国是否存在过，大西国又是如何沉没的等问题，引起了许多人的追问。

商人利用这个传奇故事开发出一系列产品，大赚了一笔；探险家则四处探寻，力图找到能证明大西国真实存在过的物证；科学家则不断地根据已有的和最新的资料进行各种推测。甚至连文学家也不甘寂寞，他们或以这个故事为背景，或以其中的一个片段来加以发挥、想象和演绎。

可以说，这是一个至今为止，影响时间最长、范围最广且最为深刻的传奇故事。

那么大西国真的存在过吗？它又是怎样沉没的呢？

经过人们的不懈努力，似乎还真的找到了一些线索。

17世纪时，曾编纂过百科全书的德国学者基尔赫尔在《地下世纪》一书中宣传了自己的观点，他认为大西国的确存在过，如今它已成为大西洋中的亚速尔群岛、加那利群岛和佛得角群岛。一场大洪水之后，大片陆地被淹，高山就变成了现今的岛屿。在书中，基尔赫尔以客观、冷静的语言详细描述了大西国的自然地理、经济和政治情况。

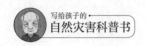
20 世纪初，法国地质学家捷米尔在经过多年的调查分析之后，认为在北大西洋中，从冰岛到亚速尔群岛有一条不稳定的火山带，所以在这个地区出现陆地下沉是完全可能的。

专家们根据这个推测，从亚速尔群岛上的动植物身上入手，发现如今亚速尔群岛上的一些动植物只有在美洲和欧洲一些地区才有，这就说明曾经有一块神秘的大陆将欧洲和美洲连成一体，只是后来由于某种因素沉入了海底。

人们还对大西洋两岸大陆的地质构造进行研究，结果发现二者几乎相同。再看亚速尔群岛，那些陡峭的悬崖笔直地耸立着，好像地层突然在这里断裂开来，将它旁边的陆地齐刷刷地砍到海里去了。

还有人经过不断地寻找和研究，认为爱琴海中的桑托林岛正是柏拉图所讲的大西国。在这个岛上，考古学家发现了高度发达的古文明，也就是米诺斯文明。考古学家发现，米诺斯人大多从事农业、畜牧业和渔业，而且农业技术十分先进。那些令人眼花缭乱的农副产品，不禁使人想起大西国的繁荣。

从出土的文物中，人们还发现了米诺斯海军的远征图，从破译的文字中又发现了其对战争工具的描述，这一切与柏拉图所讲的大西国是何等相似。

专家认为，米诺斯文明是因为爱琴海里的火山突然猛烈喷发而被毁灭的，这与柏拉图所讲的大西国突然之间就消失了相差无几。

近年来，人们在对这一地区进行考古和地质发掘时，也发现了这里有沉没的陆地和昔日宫殿的遗迹。这表明，该地区曾经确实有一块大陆，只是后来因为威力巨大的火山喷发而毁灭。

关于大西国是否存在，至今并无定论。我们在这里要说明的是，火山喷发的巨大威力以及所造成的灾难。事实上因火山剧烈喷发而导致陆地或岛屿沉没的事件的确有过。

大西国存在过吗？

　　人们基于大西国是否存在过这个问题，寻找了各种证据，为了证明大西国确实存在过，人们又提出了一个大胆的设想——那就是辽阔的太平洋上可能有过较为广阔的大陆。这个人们想象中的大陆，有人称为"太平洲"。它东起复活节岛，西至新西兰及澳大利亚，面积广阔。

　　这个大陆真的存在吗？这确实是一个谜，至今也没有定论。我们来看看它是怎样被提出来的。

　　自从麦哲伦率领他的船队完成了第一次环球航行之后，海上探险活动达到了最高峰。除大西洋之外，太平洋是航海家和冒险家出入最为频繁的地方。于是，太平洋上的许多岛屿被发现了。对于许多冒险家来说，发财是他们唯一的梦想，他们的双眼紧紧盯着各个岛屿上能转化为财富的东西，而对这些岛上的自然环境及风土人情视而不见。幸好许多科学家也随着探险船队来到了这些岛屿上，这样一来，那些独特的动植物及风土人情开阔了科学家的眼界。

达尔文正是在随船队开展海外探险后，才提出了著名的进化论。

从一定意义上讲，这种海上探险活动有着积极的和深刻的意义，一些科学家有了新的发现。他们发现太平洋上的许多岛屿之间，有的虽然相隔甚远，但各个岛上的居民在语言和风俗文化上有共同点。

为什么会这样呢？茫茫大海、相隔千里，交通工具也很落后，更没有什么现代通信设备，各岛之间几乎很难产生交流。有人就提出了大胆的设想：曾经有一块广阔的陆地将现在这些岛屿连在一起。只是后来这块广阔的陆地沉没了，仅剩下这些零星的岛屿。

这样的设想到底有没有道理，或者说有没有可能呢？

既然问题已经提出来了，人们就各显神通，从各个

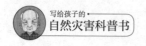

方面去找证据。

人们首先从动植物身上找到了突破口，这应当归功于达尔文。达尔文在《物种起源》这部巨著中提到了生物地理学的观点。他提出，动植物分布在不同的环境是有其自身原因的，这个原因就是自身的环境因素。比如一些天然的屏障，像高山、大海、沙漠等，往往会阻碍动植物的迁移。这样就会出现一些动植物只出现在某一区域。如俄罗斯的贝加尔湖，那里四周高山环绕，使得湖中的一些动物成为世界上独一无二的"特产"。

同样的道理，当相隔较远的岛屿或陆地有许多相同谱系的动植物，那么它们之间就很有可能有某种自然环境方面的联系。

许多人都知道袋鼠，并知道这种动物是澳大利亚的国宝之一。然而，古生物学用研究成果告诉我们，袋鼠的故乡在北半球。那袋鼠又是如何跑到澳大利亚的呢？一望无际的汪洋大海，袋鼠断然不可能游过去。许多年来，人们不断寻找证据，看看会不会在最接近澳大利亚的地方，比如印度尼西亚或东南亚的其他地方找到袋鼠的踪迹，然而什么也没有找到。最后，人们反而在南美洲找到了有袋类动物的化石，这种化石比澳大利亚的同类化石更古老，而且两者之间的相似点很多。

科学家由此推断，澳大利亚和南美洲之间也许曾经被一条陆桥连通，袋鼠就是由此而迁移的。后来陆桥沉没了，澳大利亚成了孤岛，为有袋类动物提供了一个天然的自然保护区。当其他地方的有袋类动物在残酷无情的生存竞争中逐渐灭绝之后，只有被大洋包围着的澳大利亚的袋鼠生存了下来。

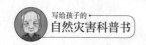
类似的证据还有很多。比如有一种淡水鱼，人们在南美洲、澳大利亚和新西兰的河流中都发现了它的踪迹。也许是河水泛滥的时候，这些鱼随之迁移到了这块大陆的各个地方。

还有植物。太平洋上的波利尼西亚群岛上的一些植物在澳大利亚也有被发现。现在太平洋中部的夏威夷群岛更是汇集了世界各地的众多植物，仿佛是一个植物世界的博览会。

显然没有任何一种风能把各大洲的植物种子都吹到太平洋中的夏威夷群岛上去，最合理的解释，就是这里曾经是一块巨大的陆地。

人们还力图从人种学以及太平洋诸岛中的传说中找到相关证据，一些证据的出现，使得一部分曾经反对此观点的人转而支持这种学说。

在众多证据中，一座小岛的发现显得格外重要。

1722 年 4 月 5 日，雅各布·罗格文率领荷兰西印度公司太平洋探险队来到了太平洋上的一座小岛。上岛后，他们发现这里并没有他们想要的财富，不过，远处的景象着实让他们吃了一惊。那是什么呢？是一大堆石像。一共有几百个，又高又大，其中有100多个石像背对大海，排在海边。

罗格文不想在岛上停留，便赶紧离开。当然，既然来过，总该给这座岛取一个名字。那天恰好是基督教的复活节，所以罗格文就给这座小岛取名为"复活节岛"。

在罗格文之后，又有一些人到过这座小岛。虽然没有在岛上发现想要的宝物，不过，他们也算有所收获。西班牙人发现了岛上的居民竟然有自己独特的文字，只是这些文字无法被破译。英国人库克则发现岛上居民的语言与太平洋上其他岛屿的语言体系十分相近。

库克还研究了岛上的石像。让他感到十分惊讶的是，这些庞大的石像是在原始条件下完成的。专家们做过测算：雕刻、安装这些石像，其所消耗的劳动量与建造金字塔相同。建造埃及金字塔由数十万人用了近30年时间，但岛上的人口不足5000。另外，人们还发现采石和雕刻工作是突然停止的，仿佛是有什么灾难突然降临了。究竟是什么灾难呢？

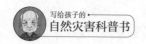
新西兰人麦克米兰·布朗在《太平洋之谜》一书中，发表了自己的观点。他认为的确有过太平洲的存在，有了这块巨大的陆地，才可能容纳为数不少的居民，才可能使这个社会发展到产生文字以至产生国家，才可能以统一的意志来调动成千上万的人开展巨大的工程。

他还以太平洋中的波纳佩岛举例：在这个岛上也发现了巨大的建筑群遗址，这些宏伟的广场、古堡、庙宇等，没有大量人口的共同努力是不可能完成的。但在岛上和周围小岛上的人很少。因此，只有一种解释能说明问题，这就是太平洲曾经存在过。

俄罗斯学者曼兹别尔也在《浩瀚的海洋之谜》一书中支持了布朗的观点，他们的科学分析方法具有一定的说服力。

当然，也有人持反对意见，不过，即使是这些反对的人也承认太平洋中曾有过比现在更多、更大的岛屿。

既然这样，问题就回到了我们所关心的重点问题，是什么灾难使这块大陆（或巨大的岛屿）突然之间沉没了呢？

答案是火山灾害。

全世界大部分的活火山都分布在太平洋火山带上。夏威夷火山岛就是由 5 座火山组成的。而冒纳罗亚火山是世界上最大的独立体火山，如果算上海面下的高度，它比珠穆朗玛峰还高，整个太平洋盆地有一半的面积都是火山。所以，因太平洋中火山的剧烈喷发而导致陆地或大岛屿的沉没是有可能的。

✏️ 不会被浇灭的海底火山

首先，我们需要明确一个问题，什么是海底火山？

地球上的火山活动主要集中在板块交界处，根据位置不同，火山可分为陆地火山和海底火山，其中海底火山分布最广。

地球上90%的火山都是海底火山，大部分位于太平洋，分布于大洋中脊与大洋边缘的岛弧处。当然，地壳板块内部有时也有一些火山活动，但数量非常少。因此海底火山可以分为三类，即边缘火山、洋脊火山和洋盆火山，它们在地理分布、岩性和成因上都有显著的差异。

大洋中脊是玄武质新洋壳生长的地方，海底火山与火山岛顺中脊走向成串出现。据估计，全球约80%的火山岩产自大洋中脊，中央裂谷内遍布在海水中迅速冷凝而成的枕状熔岩。中脊处的大洋玄武岩是标准的拉斑玄武岩。这种拉斑玄武岩是岩浆沿中脊裂隙上升喷发的产物，它组成了广大的洋底岩石的主体。

边缘火山沿大洋边缘的板块俯冲边界，展布着弧状的火山链。它是岛弧的主要组成单元，与深海沟、地震带及重力异常带相伴生。岛弧火山链中，有些是水下活火山。这类火山主要喷发安山岩类物质，安山岩的分布与岛弧紧密相关。由于安山质岩浆比玄武岩浆黏性大，巨大的蒸汽压力一旦突然释放，便形成爆发式火山，易酿成巨大灾难。

散布于深洋底的各种海山，包括平顶海山和孤立的大洋岛等，是属于大洋板块内部的火山。

洋盆火山起初只是沿洋底裂隙溢出的熔岩流，之后逐渐生长，大部分海底火山在到达海平面之前便不再活动，停止生长。其中高出洋底1000米以上的，

叫海山；不足 1000 米的，叫海丘。少数火山可以从深水中升至海面，这时波浪等剥蚀作用会不断抵消它的生长。

一旦火山锥渐次加宽并升出于波浪作用线之上，便能形成火山岛，几个邻近的火山岛可连接成较大的岛屿，如夏威夷岛。

洋盆火山的活动一般不超过几百万年，露出海面的火山如果停止活动，将被剥蚀作用削为平顶。

地质学家在太平洋中发现许多平顶的水下死火山。尽管它们的顶部可能冠有珊瑚礁，但其主体皆是火山锥。洋盆各海山或大洋岛屿的火山岩以碱性玄武岩较常见，极少数岛屿有硅质更高的熔岩，如冰岛及其附近有大量粗面岩和钠质流纹岩。碱性玄武岩组成的洋盆火山可能与热点或地幔柱的活动有关。

现在我们需要思考一下，为什么海底火山喷发时无法被海水浇灭呢？

很多人在想到火山时，第一反应可能是一座高耸的锥形山，山顶正在喷出粗大的烟柱。

火山喷发时，大量的火山灰飘零到附近地区。火山灰与我们常见的烟灰相似，都是细颗粒的灰尘。在漫天蔽日的火山灰的遮掩下，很多人都下意识地认为火山就是喷火的山。

如果我们拉近视角，近距离观察火山喷发时的具体景况，就会发现完全不是这样的。

由于岩石成分非常复杂，其内部不同成分的熔点和沸点均不一致，所以其实大部分岩浆是含有硅酸盐和挥发成分的高温熔融物质。

水灭火的原理是隔绝氧气和冷却降温，但岩浆温度非常高，约为 1000 ℃，其本身不需要空气，所以海水对其只能降温，而无法熄灭。岩浆碰到水后，就像炒菜时热油碰到水一样，容易发生爆炸。同时岩浆是具有流动性的，所以根本没办法让大量的水进到热的熔岩里。因此由于海底熔岩的极高温度、水蒸气的产生以及熔岩的流动性，海水无法有效地浇灭海底熔岩。相反，当海水接触到熔岩时，它会迅速蒸发并可能导致更大规模的岩浆活动。

大量火山碎屑物质及炽热的熔岩在空中冷凝为火山灰、火山弹、火山碎屑，降落到海中逐渐堆积还有可能诞生另一种产物——火山岛。地中海区域就有不少火山岛的存在。

全球最为壮观的海底火山

海底火山的分布非常广泛，这些火山有的已经衰老死亡，有的正处于活跃期，有的则在休眠。现有的活火山除少量零散分布在大洋盆地外，绝大部分呈带状分布在岛弧、中央海岭的断裂带上，统称海底火山带。全球最为壮观的海底火山主要有以下这些：

夏威夷摩罗基尼坑火山口。位于夏威夷毛伊郡的摩罗基尼坑火山口是一个新月形的"岛屿"，深受潜水爱好者和海鸟的喜欢。也许你并不知道，它过去曾是一个圆圆的火山口。我们可以想象一下这座海底火山活动处于巅峰时期的情景，它通过不断喷发形成了许多新的岛屿。

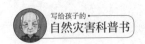
美国加州莫洛岩石。莫洛岩石属于一组形成于距今2000万年前、称为"九姐妹"的火山栓。海底火山的喷发造就了莫洛岩石，喷涌而出的熔岩渐渐形成固体外壳，紧紧地堵住火山口，就像葡萄酒瓶口的软木塞。由于此时火山并没有刚喷发时那么活跃，不可能产生像刚打开香槟酒时的那般景象。莫洛岩石在16世纪被葡萄牙探险者称为"EIMorro"（葡萄牙语鹅卵石的意思），那时的火山口依旧清晰可见。如今，不断喷发的火山改变着莫洛岩石的外形。

冰岛埃尔德菲尔火山。冰岛是一个海底火山喷发并不常见的国家。作为维斯曼纳亚群岛上最大的一个岛屿，黑迈伊岛在1973年曾见证了其历史上最为壮观的火山喷发，埃尔德菲尔火山喷发的熔岩险些阻塞黑迈伊港口。他们看着这座位于黑迈伊岛东北角的火山，不禁思考，也许这只是冰山一角，也许还有更多淹没于海中。

苏特西岛海底火山。有时，火山喷发会形成一个全新的岛屿，例如冰岛的苏特西岛。现在，苏特西岛是地质学家、植物学家和生物学家从事科学研究的理想地点，已被联合国教科文组织宣布为世界遗产地。

新西兰兄弟火山。兄弟火山是活跃的克尔玛德克岛弧的一部分，位于海平面以下 1850 米处。克尔玛德克岛弧位于新西兰东北 400 千米处。令人惊讶的是这座海底火山的火山口直径约为 3000 米，火山口是由一次火山喷发形成的，两侧高 300 米~500 米，形成于距今 3.7 万~5.1 万年前。

日本 NW-罗塔 1 火山。NW-罗塔 1 火山喷发或许是历史上人类捕捉到的最为壮观的海底火山喷发画面。NW-罗塔 1 位于日本南部海底，于 2006 年 4 月喷发。当时，伍兹霍尔海洋生物研究所的水下机器人在例行检查中通过摄像机捕捉到了火山喷发的画面。而在这之前，科学家从没有如此近距离地观测到海底火山喷发，更何况是拍摄到视听录像了。

伍兹霍尔海洋生物研究所负责科学探索的科学家威尔·塞勒斯在回忆起这段经历时说："当时有几个瞬间可怕极了。大量气体从火山口喷涌而出。你可以想象一下，海面会是怎样的一番情景。火山喷发的规模非常大，

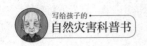

你根本无法在靠近火山口的地方站住，遇到这种情况，人们的一般反应是，"你相信我们竟然在这儿吗？"

海利火山。海利火山是克尔玛德克岛弧上的另外一个大型海底火山。

加勒比海基克姆詹尼海底火山。基克姆詹尼是加勒比海海底的一处活火山，位于格林纳达以北8000米处。从1939年人类首次记录基克姆詹尼火山喷发，到2001年最后一次喷发，在这60多年间，基克姆詹尼火山喷发了12次。

杀人的火山湖

　　1984 年，位于非洲中部的喀麦隆发生了一件奇怪的事，让我们来看看当时的情形。

　　这一年的 8 月 16 日上午 6 时 30 分，从蒙诺湖方向飘过来一片云雾，据一些慌忙逃命的人说，这片云雾带着一种怪味儿，人吸入之后便感到头晕、恶心、虚弱无力。

　　上午 10 时 30 分，在蒙诺湖的湖滨公路上已有 37 人死亡，他们都是那片神秘化学云雾的受害者。同时，人们还发现，在蒙诺湖和湖滨公路之间的动物无一幸存，而湖岸边的植物也全部倒伏在地。

　　这是怎么回事？

　　当地的村民说，8 月 15 日晚上，他们曾听到蒙诺

湖传来强烈的爆炸声。

8月17日，当局进行调查后发现，蒙诺湖的湖水呈红棕色，说明往日平静的湖水已被搅动。

那片神秘的云雾很有可能与被搅动的湖水有关。究竟是谁搅动了湖水呢？是人为搅动的还是自然发生的？

与此同时，另一件事让这个问题变得至关重要。这就是喀麦隆当时发生了一起未遂的政变。因此云雾事件很容易引起人们的联想。

为了将事情弄个水落石出，在美国国际开发署的帮助下，喀麦隆政府成立了专家调查组，主要研究方向为蒙诺湖的化学云雾究竟是自然产生的还是人为造成的。

美国专家哈罗德·西格森怀疑化学云雾是由湖底火山突然喷发产生的。从对水下探查结果看，湖底确实有一个宽达350米的火山口。然而当专家对蒙诺湖做了全面的化学分析后，发现与火山活动有密切关系的化学物其实很少。

最后专家得出结论，在湖底含有高浓度的二氧化碳，这些气体来源于地下深处的岩浆，由于湖水压力，大部分气体都被压在水下释放不出来，使得湖水分层。一旦这种层序结构被破坏，这些气体就上升到湖面，产生了浓度极高的二氧化碳的云雾。

哈罗德·西格森还专门打了个比方，他说："这种突然的压力变化，犹如你打开汽水瓶，大量的二氧化碳瞬间被释放了出来一样。"

是什么东西破坏了湖水的平静，使分层的湖水上升了呢？是自然因素还是人为因素呢？

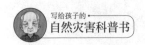
　　有人提供消息说，在 8 月 15 日，即事件发生的前一天，他们感觉到了大地震动。不过，翻查测震仪，上面并没有相关记录。那会是什么原因引起了湖水翻腾呢？调查组最后发现，靠近湖底火山口的陡坡上发生了水下滑坡现象。

　　这起事件从调查组开始调查一直到最后都没有发现任何人为的证据。

　　调查结束后，西格森忧心忡忡地说："喀麦隆有许多火山湖，而它们又都有可能和蒙诺湖一样出现层序结构，所以这种事件可能会再次发生，这是当前我们感到忧虑的。"

　　不幸的是，西格森所担忧的事，两年后又在喀麦隆发生了。

　　这一次是在喀麦隆的尼奥斯火山湖。1986 年 8 月 21 日深夜，一片云雾笼罩了湖边约 10 千米的范围。

　　有近 2000 人死亡，大量的农作物和牲畜也未能幸免。据估计，死亡人数远不止这些，为了防止疾病的传播，救援部队迅速掩埋了许多尸体，使得准确的数字已无法统计。

灾难发生后，美国、法国和英国等国家及国际组织纷纷向喀麦隆伸出援助之手。

喀麦隆总统也宣布将8月30日设为"全国哀悼日"。

由多国专家组成的科学考察队也前往尼奥斯火山湖进行考察。

专家们认为，置人于死地的云雾就是湖中逸出的二氧化碳。但对二氧化碳是怎样逸出的，专家们有不同的意见。一些专家认为是湖岸塌方，使巨大石块下落搅动湖水和压迫湖底岩层，气体冲破岩层薄弱处而逸出湖面。另一些专家认为，湖底的二氧化碳是因为超过极限而突然喷发的。还有一些专家认为，二氧化碳是由湖底火山活动形成的。

尽管意见不同，但专家们一致建议喀麦隆政府成立一个科学考察小组，在尼奥斯火山湖地区设立观察站，以便随时掌握二氧化碳气体的增减情况，确保居民的生命和财产安全。

同时，专家还建议采取相应措施，排除火山湖中的

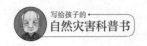
气体，以免再次出现危险。

专家的建议是有道理的。1999 年 8 月，尼奥斯火山湖再次出现了危机。

1999 年 8 月 2 日凌晨，一部分住在尼奥斯火山湖附近的居民听到湖中发出"隆隆"的响声，随后，人们发现不少死鱼浮上了湖面。有关专家认为，这是尼奥斯火山湖要大量喷发二氧化碳的先兆。

为了预防灾害，喀麦隆领土管理部于 8 月 6 日紧急派遣了专家组到尼奥斯火山湖进行现场调查。同时，其他有关部门也奉命进入最高戒备状态，以便随时准备应对火山湖喷发。

好在有惊无险，据喀麦隆国家电台报道，这一次引发湖层震动的原因是地震。

2001 年 1 月，喀麦隆政府在尼奥斯火山湖成功安装了排气管道，释放了湖底的二氧化碳和其他有害气体，避免了气体大量存储，降低通过爆炸释放的可能性。

除此以外，当地政府还在火山湖周围装上了二氧化碳探测器，当探测器监测到高浓度气体后，会发出报警声，提醒周围的居民撤离。

虽然依靠现阶段的科技手段，人类并不能完全战胜火山湖所造成的自然灾害，但它确实降低了悲剧发生的概率。

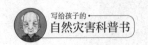

✎ 世界各地的火山

通过科学研究发现，在许多行星和卫星上都有火山。在太阳系中现在有确实证据证明仍有火山活动的是地球和木星的卫星伊奥（木卫一）。地球上的火山活动大约每年有 50 多次。但是其中大部分都发生在海底和人迹罕至的群山中，因此对人类产生影响的火山活动数量很少。

所谓"十年火山"是由国际火山学与地球内部化学协会（IAVCEI）选出的 16 座火山，这个协会旨在促进火山相关研究、增加民众的防灾意识，从而减轻自然灾害的破坏。这些火山曾有破坏性的大规模爆发、近期有地质活动、接近人口稠密地区和存在多种的火山风险，如火山喷发碎屑、火山碎屑流、熔岩流、火山泥石流、火山体不稳定、火山穹丘倒塌。

下面就让我们来认识一下这 16 座火山：

1. 俄罗斯堪察加半岛的阿瓦恰—科里亚克火山群

阿瓦恰火山是俄罗斯东部的活火山，毗邻堪察加边疆区首府堪察加彼得巴甫洛夫斯克，是堪察加半岛中最活跃的一座火山，马蹄形的火山口在 3 万 ~ 4 万年前形成。阿瓦恰火山最近一次的爆发是在 2001 年。

科里亚克火山是俄罗斯东部的活火山，位于环太平洋火山带上，第一次有记录的火山爆发在 1890 年。2008 年 12 月 29 日，科里亚克火山喷出的火山灰升至 6000 米，是 3500 多年来首次大型爆发。

2. 墨西哥的科利马火山

科利马火山位于墨西哥西部的哈利斯科州和科利马州交界处，是墨西哥最为活跃也是潜在破坏力最强的活火山之一，被称为"烈焰火山"。

科利马火山由两座海拔高度分别是 4330 米和 3860 米的火山组成。科利马火山最大规模的一次喷发是在

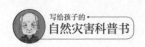

1913 年。

2005 年 6 月 5 日，科利马火山喷发出的烟尘冲天而起，碎石、火山灰和熔岩在火山口上空形成一股高达5000 米的灰柱。科利马火山已经连续喷发三次。前两次分别是 5 月 23 日和 5 月 30 日。科利马大学的科学家表示，6 月 5 日的火山爆发规模要比 5 月 30 日的大。这一次是科利马火山 15 年来强度最大的一次喷发。

墨西哥科利马大学火山观察站 2005 年 9 月 16 日发表公报说，科利马火山当天上午再度喷发，火山喷发的气体和火山灰形成 5000 多米高的烟柱，在离该火山口约 15 千米的地方，人们能清晰地听到岩浆喷发的声音。

科利马火山喷发时产生的火山灰雨在附近几个城镇上空持续了两个多小时。哈利斯科州和科利马州政府宣布，距离火山口 7500 米以内的地区进入警戒状态，火山附近的居民有可能需要撤离到安全地带。

3. 意大利的埃特纳火山

埃特纳火山位于意大利南部的西西里岛，是意大利著名的活火山，也是欧洲最高的活火山，海拔 3323 米，埃特纳火山下部为一个巨大的盾形火山，上部为高 300 米的火山渣锥。由于埃特纳火山处于几组地层断裂带的交汇处，活动一直很频繁，其喷发史可以追溯到公元前 1500 年，迄今为止已喷发过 200 多次。它曾在 2002 年 10 月 28 日大规模喷发。

4. 哥伦比亚的加勒拉斯火山

加勒拉斯火山是一座复式火山，位于哥伦比亚的纳里尼奥省，这座海拔 4276 米的火山是哥伦比亚最活跃的火山，第一次有记录的火山爆发是在 1580 年 12 月 7 日。加勒拉斯火山最近一次爆发是在 2010 年 1 月 3 日，近万名居民被疏散到了安全地带。

5. 美国夏威夷州的冒纳罗亚火山

冒纳罗亚火山是夏威夷的最高峰。其山顶常有白云缭绕，忽隐忽现。世界最高的天文台就设在此山的顶峰。

冒纳罗亚火山是夏威夷火山岛上最大的一座火山。从冒纳罗亚火山喷发出的熔岩流动性非常高，这导致该火山的坡度十分小。

不断倾泻的大量熔岩，使冒纳罗亚火山逐渐变大。

人们把这些熔岩称为"伟大的建筑师"。山顶的大火山口叫莫卡维奥维奥，意为"火烧岛"。火山爆发带来周期性和毁灭性的破坏，凡岩浆流经之处，森林焚毁，房屋倒塌，交通断绝。

冒纳罗亚火山喷发了至少 70 万年，约在 40 万年前露出海平面，但当地已知最古老的岩石年龄不超过 20 万年。海岛之下其中一个热点的岩浆在过去千万年来形成了夏威夷岛链。随着太平洋板块的缓慢漂泊，冒纳罗亚火山最终被带离热点，并将在 50 万～100 万年后停止喷发。

6.印度尼西亚的默拉皮火山

默拉皮火山位于印度尼西亚爪哇岛中部，是一座锥形火山，也是印度尼西亚活动最频繁的火山。自 1548 年起，已经断续喷发了 60 多次。火山距离日惹市相当近，山麓居住着几千人，有的村庄在海拔 1700 米的高处，由于火山威胁人类居住地的安全，被国际火山与地球内部化学学协会列为地球上应当加强监督与研究的 16 座火山之一。

默拉皮火山一般每 2 ~ 3 年会有一次小喷发，每 10 ~ 15 年会有一次大喷发，其中严重的喷发分别发生在 1006 年、1786 年、1822 年，1872 年则发生了一次历史最大的喷发，和 1930 年的喷发一起造成 13 个村庄的毁灭，1400 多人死亡。

7. 刚果民主共和国的尼拉贡戈火山

尼拉贡戈火山是刚果民主共和国境内的火山之一，是非洲最危险的火山之一。其主火山口深约 240 米，拥有世界上少见的熔岩湖。

2002 年，尼拉贡戈火山曾经大规模爆发，造成数十万人无家可归。2007 年 7 月，一名女游客在火山口附近失足坠亡。人们仍不清楚这座火山于多久前开始第一次爆发，但自 1882 年至今，它最少爆发了 30 多次。

8. 美国华盛顿州的雷尼尔山

雷尼尔山国家公园是一座以雷尼尔山为中心的公园，位于美国华盛顿州西部，西雅图的南面。海拔 4391 米。山麓和低坡生长着针叶林，海拔 2600 ~ 2800 米为高山草甸，更高处为永久积雪和冰川。1899 年，为保

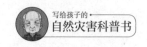

护雪裹冰封的雷尼尔山自然景色而建立了国家公园。

雷尼尔山是喀斯喀特山脉的大火山之一。火山为圆锥形，基盘为花岗岩，火山体为安山岩。它拥有除阿拉斯加以外最大的单一冰河与最大的冰河系统。

9.日本鹿儿岛县的樱岛火山

樱岛火山位于日本九州岛鹿儿岛县，是一座活火山，至今火山活动仍十分活跃。樱岛火山是由北岳（海拔1117米）、中岳（海拔1060米）与南岳（海拔1040米）所组成，面积约为77平方千米。樱岛火山的活动历史可以追溯到公元720年左右。

10.危地马拉的圣地亚古多火山

圣地亚古多火山是危地马拉的大型活火山，毗邻克萨尔特南戈，位于科拉斯板块和加勒比板块之间的隐没带，属于马德雷山脉的一部分。1902年，圣地亚古多火山爆发，火山爆发指数为6，是20世纪四大火山爆发之一，也是过去近200年五大火山爆发之一。

11.希腊的圣托里尼火山

圣托里尼是在希腊大陆东南200千米的爱琴海上由

火山群组成的岛环。圣托里尼岛环上最大的一个岛叫圣托里尼岛，别名锡拉岛。

约 3500 年前，这里发生过猛烈的火山爆发，留下一个大火山口和几百米厚的火山灰，可能间接地造成了克里特岛米诺斯文明的消亡。

12. 菲律宾的塔阿尔火山

塔阿尔火山位于吕宋岛八打雁省，距离首都马尼拉约 50 千米，是菲律宾最活跃的火山之一。自 1572 年有记录以来，塔阿尔火山爆发过 33 次，其中 1911 年的爆发导致逾千人死亡。塔阿尔火山形成于第四纪时期，距今已有数百万年。

13. 西班牙加那利群岛的泰德峰

泰德峰是西班牙和大西洋岛屿的最高峰，并且是世界上第三大火山。它是一座活火山，位于加那利群岛的特内里费岛，也是加那利群岛最著名的地标。火山及其周围组成了泰德国家公园，占地 189 平方千米，2007 年被列为世界遗产。泰德峰海拔高度为 3718 米（从大西洋洋底计算则达到 7500 米），是西班牙和大西洋中

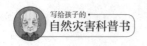
最高的山峰。

14.巴布亚新几内亚的乌拉旺火山

乌拉旺火山是巴布亚新几内亚的一座火山，位于新不列颠岛上拉包尔西南约 130 千米，海拔高度 2334 米，是俾斯麦群岛最高的山峰。乌拉旺的首次爆发发生于 1700 年。近年乌拉旺火山的火山活动频繁，经常有小型爆发。

15.日本的云仙岳

云仙岳是位于长崎县岛原半岛中部的火山。云仙岳广义上指普贤岳、国见岳、妙见岳三峰，以及野岳、九千部岳、矢岳、高岩山、绢笠山五岳的总称。狭义则是指"三峰五岳"中的"三峰"。

云仙岳在 1792 年发生过一次大喷发，造成 1.5 万多人死亡，可能是日本最严重的一次火山灾难。

16.意大利的维苏威火山

维苏威火山是位于意大利南部那不勒斯湾东海岸，海拔 1281 米。

维苏威火山的形成是非洲板块和欧亚板块相互碰

撞的结果。维苏威火山在历史上喷发过很多次，其中公元 79 年的一次大喷发，摧毁了庞贝城。直到 18 世纪中叶，考古学家才将庞贝城从数米厚的火山灰中发掘出来，古老建筑和姿态各异的尸体都保存完好。现今，这一史实已为世人熟知，庞贝城遗址也成为意大利著名旅游胜地。

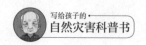

世界上最高的死火山

　　世界上最高的死火山是阿空加瓜山，位于阿根廷境内，海拔6962米，其被公认为南美洲最高峰。"阿空加瓜"在瓦皮族语中是"巨人瞭望台"的意思。山峰坐落在安第斯山脉北部，峰顶在阿根廷西北部门多萨省境，但其西翼延伸到了智利圣地亚哥以北海岸低地。阿空加瓜山由第三纪沉积岩层褶皱抬升而成，同时伴随着岩浆侵入和火山作用，峰顶较为平坦，是一座死火山。东、南侧雪线高4500米，冰雪厚约90米，发育有多条现代冰川，其中菲茨杰拉德冰川长达11.2千米，终止于奥尔科内斯河，然后泻入门多萨河。山顶西侧因降水较少，没有终年积雪，山麓多温泉。附近著名的自然奇观印加桥为旅游胜地。起自阿根廷首都布宜诺斯艾利斯的铁路，穿越附近的乌斯帕亚塔山口，抵达智利首都圣地亚哥。

沿途的第一处重要历史遗迹就是卡诺塔纪念墙。当年何塞·德圣马丁就是从这里率领安第斯山军越过山脉去解放智利和秘鲁的。卡诺塔纪念墙以西的维利亚西奥村，这个风景如画的小镇坐落在海拔1800米的高地上，有一所著名的温泉疗养旅馆。

离开这里，经过一段被称为"一年路程"的大弯道，便来到了旅游小镇乌斯帕亚塔。这里有当年安第斯山军砌成的拱形桥——皮苏塔桥以及兵工厂、冶炼厂等遗址。旅游设施齐全，十分繁华，风景也很优美。从乌斯帕亚塔镇起，海拔已达3000米左右，经过瓦卡斯角小站，可以看到一座天生的石桥印加桥，登山者一般都以此为出发点。印加桥附近有一组高大的岩石峰，形如一群站立忏悔的人群，当地的印第安人称其为"忏悔的人们"。

过了印加桥，西行不远，是海拔3855米的拉库姆布里隘口。这里矗立着一座耶稣铸像，铸像面朝阿根廷方向，建于1902年，是阿根廷和智利为纪念和平解放

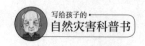
南部巴塔哥尼亚边界争端签订《五月公约》而建立的。

它的基座上铭刻着：此山将于阿根廷和智利和平破裂时

崩溃在大地上。

防备火山爆发注意事项

火山爆发常常会给人类带来灭顶之灾，大型的火山爆发甚至能影响全球气候、破坏环境，那我们怎样做才能减轻火山爆发带来的损失呢？

到目前为止，人类仍无法控制火山爆发这种强大的自然灾害，所以加强预报是应对火山灾害最有效的办法。当然，这种预测就像天气预报一样，不是十分精准，不过也有助于我们最大程度避免火山爆发造成的灾难。科学家常常依靠动植物的某些突然变化对火山爆发问题进行研究和预测。

地震通常是火山爆发的前兆，尤其是在火山活动活跃的地区。比如说夏威夷岛上的海伦火山，有一次当地

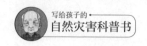

先是发生了地震，专家预测这场地震也许是火山将要发生大爆发的前兆，并发出警告。

海伦火山已经沉寂了很久，当地居民得知它将要喷发的消息时都非常惊讶，不过还是听从了专家的警告，在火山爆发之前撤离了，从而避免了一场浩劫。

岩浆作为火山的主要"成分"，有时候也能成为火山爆发前的预兆。比如当看到岩浆向地表运动时，就可以利用红外线查看火山的内部活动情况。此外，火山爆发及大地震前，地面有可能渗出含硫的气体，这也可以作为预测火山爆发的一种依据。

另外，详细地掌握当地火山的喷发历史和范围地图对于预防火山灾难也是大有裨益的。例如1991年的一次火山喷发毁灭了夏威夷某小岛的一个村庄，如果村庄里的人早点儿知道自己的房子是盖在火山灰上的话，他们肯定不会一直住在这里。

动植物的异常行为经常预示着火山爆发、地震等自然灾害。比如许多动物往往在灾害发生之前就纷纷逃离远去。印度尼西亚爪哇岛上有一种奇特的植物在火山

爆发之前会开花，当地居民把它叫作"火山报警花"，
这是科学家最早发现并应用的预测手段。

目前，人们可以利用上面介绍的一些方法预测火山

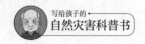
活动，从而在火山爆发前转移，将灾难造成的损失降到最低。除此之外，还可以在火山爆发前对其进行特殊爆破，将岩浆引流。

火山喷发时如何逃生和应对

无论是休眠火山还是活火山，都有可能随时喷发。灾难来临时，一团团火山灰把天空遮蔽得黑沉沉的，石块从高空飞坠，熔岩冲下山坡。火山口还会喷出大量毒气。

火山喷发造成的灾祸，非人力所能挽回，大祸临头之际如果能当机立断，采取适当行动，也许可以绝处逢生。火山喷发后该如何逃生呢？

倘若身处火山区，察觉到火山喷发的先兆，应使用任何可以用的交通工具立刻离开。

如果火山灰越积越厚，车轮陷住，无法行驶，这时就要弃车沿着大路迅速离开灾区。

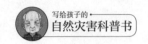
倘若熔岩流逼近，应立即爬上高地。

切记逃生时要注意保护头部，以免遭到飞坠的石块击伤。最好戴上专业头盔，没有的话在帽子里塞上报纸团，戴在头上，也能起到一定的保护作用。

利用随手拿到的任何东西，制作一副防毒面具，用湿手帕或湿围巾掩住口鼻，可以过滤尘埃和毒气。

戴上护目镜，例如潜水面罩、眼罩，以保护眼睛。穿上厚重的衣服保护身体。

面对火山喷发带来的各种危害，我们也需要知道一些应对方法。

应对熔岩危害。在火山喷发造成的各种危害中，熔岩流对生命的威胁最小，因为人们能够跑出熔岩流的路线。

应对喷射物危害。在从靠近火山喷发处逃离时，最好使用建筑工人使用的那种坚硬的头盔、摩托车手头盔、骑马者头盔或者其他物品护住头部，防止被火山喷射物砸伤。

应对火山灰危害。火山灰具有刺激性，会对肺部产生伤害。逃生时应用湿布护住口鼻，或佩戴防毒面具。当火山灰中的硫黄随雨水落下时，会灼伤皮肤、眼睛和黏膜。如果可能，到庇护所后，脱去衣服，彻底洗净暴露在外的皮肤，用干净水冲洗眼睛。

应对气体球状物危害。火山喷发时会有气体球状物以超过每小时160千米的速度滚下火山。可以躲避在附近坚实的地下建筑物中，如果附近没有坚实的地下建筑物，唯一的存活机会可能就是跳入水中，屏住呼吸半分钟左右，球状物就会滚过去。

·想一想·

看到火山灰后，小波和小莉该怎么做？

1.回到屋子里，关紧门窗别出来。

2.用扫帚把院子里的火山灰扫干净。

3.赶快逃跑，跑得越远越好。

4.逃跑时，别忘记戴上密封性好的防风眼镜，用湿毛巾遮住鼻子和嘴巴，如果能佩戴防毒面具更好。

5.只要保护好眼睛、鼻子和嘴巴，在院子里不动也没有关系。

·安全向导·

别忘记公元 79 年，意大利的维苏威火山喷发时，大量的火山灰将庞贝和埃尔科拉诺两座古城淹埋的惨痛教训。当火山灰大量降落时，一定要戴上防风眼镜，用湿毛巾捂住口鼻，赶快逃跑，切勿逗留。

🖊 在岩浆的包围中

熊熊燃烧的火山映红了整个天空。

一股股又红又烫的岩浆从火山口里溢流出来，顺着山坡朝四面八方流淌。火舌越伸越远，仿佛贪婪的火神伸出长长的手指，想一把抓住所有的东西，然后再将它们全部焚毁。

是啊，它在地壳里闷得太久了，好像憋了一肚子的气，一旦迸发出来，就气势汹汹地大展神通，恨不得把整个大地烧个精光。请问，这时候有什么力量能够阻挡它呢？

这些无比壮观的火河比世间任何河流都更加奇特、壮丽。

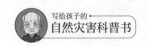
它没有固定的河道,什么地方顺当就朝什么地方流。不消说,沿途所有的洼地都被填满了,变成一个个火湖、一条条火河。当它被阻挡时,便漫过一处处高地,成为一片燃烧的火海。

它不是普通的流水,而是火热的岩浆。红通通的岩浆表面时不时发出阵阵响声,仿佛在对一切面前的事物发出恐吓。隔得老远,也能感受到扑面而来的热气,高温使人无法接近。

滚烫的岩浆翻滚着涌流着,遇着什么就点燃什么。一棵棵大树转眼间就被烧成焦炭,连大石头也被烧得迸裂开来,像是煮破的鸡蛋。不消说,倘若人和动物陷进去,立刻就会化为灰烬。

小波和小莉原本住在山边的一幢小房子里,火红的岩浆流过来,转眼就把房子吞噬了。多亏他们逃跑得快,才捡回了一条性命。

他们乘坐的汽车在盘山道上东拐西绕,好不容易才下了山。抬头一看,岩浆对他们穷追不舍,而且速度更快,眼看就要漫过前方公路的路面了。

一旦公路被截断，他们就很难逃生了，形势万分紧急。

背后是还在不停喷发的火山，前面是快要被截断的公路。看看周围的环境：有一片森林，还有一片起伏不平的丘陵。面对这个红色死神的步步相逼，他们该如何自救？

·想一想·

小波和小莉被困住后，应如何逃生？

1. 乘坐汽车不顾一切地顺着洼地里的公路逃跑。

2. 转身爬上山坡，暂时躲避一下。

3. 钻进森林里。

4. 赶快爬上附近最高的丘陵，躲在那儿不要动。

·脱险指南·

居住在火山附近地区的人们总结出一个切实有用的经验：受岩浆围困时，千万别往低处跑。如果无法逃跑，暂时在高处躲避是唯一的选择。

森林里燃起了大火

……

快把矿泉水拿出来！把手帕打湿，我们捂着口鼻往山下跑！

啊——我的脸被树枝划破了！

我们得逆着风向躬着身跑！伤口先别管了！等安全了再处理！

如果火……又追上来了……怎么办？

别急！我有一个好办法！

终于，暂时脱离危险了。

· 想一想 ·

小波有什么好办法?

1. 接着跑。

2. 赶快找水,浇灭森林里的大火。

3. 赶快在背后放一把火,点燃野草和树木。

· 脱险指南 ·

森林里着火时,火势蔓延得很快,在这种情况下,一定要保持冷静。当火情突变,不具备快速转移至安全区域避险时,要就近选择有利地形,主动点火烧掉周围的可燃物,使大火无法蔓延。这样不仅可以帮助自己脱离险境,还能保护前面的森林不被焚烧呢。1987 年大兴安岭林区发生火灾时,就使用过这种方法。

如何逃出火灾现场

快从窗口跳出去吧!

那可不成，窗子离地这么高。如果冒冒失失跳下去，准会摔成重伤。

外面准是一团火海了，我们跑出去会被烧死的。

别怕，火还没有烧到门口，我们逃跑还来得及。

· 想一想 ·

打开门后，他们应如何逃生？

1.打开门挺身往外跑，边跑边大声喊
"救命"。

2.用一条湿毛巾捂住口鼻，弯着腰往外
跑。如果烟雾太大，就四肢着地向外爬行。

· 脱险指南 ·

烟雾会飘在上层空气中，所以千万不能直
起身子往外跑。要用湿毛巾捂住口鼻，防止吸
入有害气体，开门向外跑时，一定要看清逃跑
方向，动作要快，身体保持较低的姿势比较安
全，必要时可以爬行前进。